U0158929

新能源场站
管理指南

国投电力控股股份有限公司　编

中国电力出版社
CHINA ELECTRIC POWER PRESS

内 容 提 要

　　"十四五"以来，全国新能源发电业务快速发展，各类新能源场站不断开工建设，我国亟须一批懂专业、善经营的新能源场站管理人员。为进一步满足新能源场站管理需要，为新能源场站人员在日常管理中提供工作指引，国投电力控股股份有限公司（简称国投电力）结合实际情况，编制了《新能源场站管理指南》，供新能源场站使用或参考。

　　本书包含场站建设前期管理、场站生产管理、场站经营管理、场站综合管理共四章，包含具体指南 28 项。本书注重场站管理工作的全覆盖，对工作内容进行了介绍，对工作流程进行了概述，并结合实际管理经验总结了各项工作要点，形成了一套可供新能源场站管理人员便捷参考的指导手册。

　　本书可供新能源场站管理人员参考。

图书在版编目（CIP）数据

新能源场站管理指南／国投电力控股股份有限公司编 . —北京：中国电力出版社，2022.12
　ISBN 978-7-5198-7191-8

　Ⅰ . ①新… 　Ⅱ . ①国… 　Ⅲ . ①新能源－能源管理－指南 　Ⅳ . ① TK018-62

中国版本图书馆 CIP 数据核字（2022）第 202992 号

出版发行：中国电力出版社
地　　址：北京市东城区北京站西街 19 号（邮政编码 100005）
网　　址：http://www.cepp.sgcc.com.cn
责任编辑：畅　舒（010-63412312）
责任校对：黄　蓓　王海南
装帧设计：赵珊珊
责任印制：吴　迪

印　　刷：北京瑞禾彩色印刷有限公司
版　　次：2022 年 12 月第一版
印　　次：2022 年 12 月北京第一次印刷
开　　本：880 毫米 ×1230 毫米　32 开本
印　　张：3.5
字　　数：49 千字
印　　数：0001—1000 册
定　　价：39.00 元

前言

新能源（风、光等）具有分布广泛、清洁可再生等优点，近年来新能源的开发利用持续提速，越来越多的新能源场站投入运营，如何安全、稳定、经济运行是新能源场站管理面临的首要挑战。

新能源项目受到地理位置偏僻、分布地区广、管辖范围大、设备复杂多样、人员流动性强、人员技能水平参差不齐等问题的影响，管理难度较大。如何科学地把场站各核心要素管理好，使场站能够以良好的生产经营状态参与市场竞争，显得尤为重要。

现阶段，新能源场站管理多采用成立区域性新能源公司来管理若干新能源场站的方式。生产运维管理模式主要沿用传统火电管理模式，即主要管理组织机构围绕新能源场站来运作，各场站根据自己的职责和权限完成各自的生产管理工作任务。由于大多数新能源场站地处偏远、交通不便，造成了新能源场站在管理方面的独立性，也导致了区域性公司对所属新能源场站的管理不可避免地存在薄弱环节。此外，场站的管理水平与场站人员的能力水平相关，场站人员对场站管理要素及流程熟悉和掌握程度、对制度执行的深度、工作责任心的强弱、自身技能水平

的高低均会对场站管理结果产生影响。因此，提升新能源场站人员的管理水平，普及场站管理的基本知识，使其熟悉管理流程和方法，是十分必要的。

本书通过对国投电力所属场站管理体系的总结、分析，并借鉴其他集团新能源场站管理方法，结合实际情况，国投电力组织人员对新能源场站管理涉及的各方面要求进行了整理，从场站建设前期管理、场站生产管理、场站经营管理、场站综合管理四个方面对相关工作内容进行了梳理，明确了管理流程，并对管理中的重点、难点给出了提示。

其中，场站建设前期管理主要包含场站在建设前或被并购前的管理内容，此章节是场站按照上级单位或公司要求开展的一些配合性工作，确保场站能够安全稳定地转入运营期。

场站生产管理是本书的重点章节，包含运维管理、技术管理、节能环保管理、科技创新管理等内容，此章节工作需要场站管理人员结合场站生产管理制定的相关规章制度和管理流程标准，对场站运维人员、外委承包商等提出具体的管理要求，从而实现设备安全稳定运行、场站

基础管理水平的不断提升。

场站经营管理的目标是实现场站盈利经营水平提升。其中信息化日常管理可推动场站管理数字化、高效化。指标对标管理以及市场营销管理可有效提升场站在外部环境变化中的竞争活力。

场站综合管理主要包含生产工作外的日常管理要素，经常面临的事务性管理要求。通过党建管理、班组建设管理可有效提升员工队伍素质与精神风貌，通过物资管理、后勤管理可优化场站整体工作环境，提升整体观感。

对于场站管理人员来说，要牢牢把握好场站管理的核心要素，牵好生产管理这个"牛鼻子"，确保场站安全生产态势稳定，再在此基础上做好综合管理与经营管理，有效提升场站竞争实力与外部形象。

本书在编制过程中，得到了国投甘肃新能源有限公司、国投云南新能源有限公司、国投新疆新能源有限公司、国投广西新能源发展有限公司、国投海南新能源有限公司等所属企业的大力支持，在此表示感谢。

希望各新能源场站管理人员在使用本书的过程中不断提出宝贵意见，以便进一步修订完善。

编者

2022 年 10 月

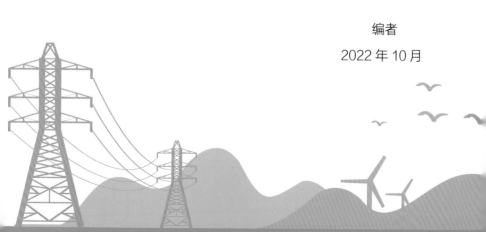

名词释义

（1）公司：新能源区域管理机构，是场站的上一级管理机构。

（2）场站：新能源区域管理机构的下属分支，包含风电场、光伏电站等发电场站。

（3）上级单位：新能源区域公司的上级管理机构。

（4）场站管理人员：场站的站长（项目经理、生产部经理）、值长、安全技术主管。

（5）场站运维人员：主要负责新能源发电设备的运行和检修维护工作的人员，一般受场站管理人员的直接领导。

（6）生产准备组织机构：新（扩）建新能源项目公司成立的同时，由场站组织的开展该项目生产运行准备工作的机构。

（7）项目前期：项目取得项目核准（备案）前所开展的一系列工作。

（8）项目并购：以收购或增资扩股等方式获得其他企业的控股或参股股权，或者购买其他企业所拥有的经营性资产。

（9）相关方：泛指与公司有各种各样关系的个人和企业，包括经济利益关系、商业关系、合作关系、行政关系、竞争关系等。

（10）尽职调查：一般指上级单位在与目标企业达成初步合作意向后，经协商一致，上级单位对目标企业一切与本次投资有关的事项进行现场调查、资料分析的一系列活动。

（11）项目总体设计：为新能源项目建设的总体部署和总体开发方案而进行的全面规划设计，亦称项目总体规划设计。

C目录
CONTENTS

第一章

场站建设前期管理

第一节　项目前期管理

工作介绍

　　项目前期是指项目取得项目核准（备案）前所开展的一系列工作。场站管理人员配合项目开发人员参与到项目规划选址、项目立项、设立项目公司（新建项目）、可行性研究四个方面工作。

工作流程

1.项目规划选址（配合参与）

　　场站管理人员应配合收集项目前期相关资源数据，协助公司开展项目规划选址，建议场站管理人员积极参与项目前期现场踏勘、技术答疑等工作。

2.项目立项（配合参与）

场站管理人员应配合收集区域开发规划或建设方案，为上级单位开展立项提供参考资料。对于并购项目，场站管理人员根据公司要求参与尽职调查工作。

3.设立项目公司（配合参与）

场站管理人员应配合公司向上级单位报请注册项目公司，配合提供注册项目公司所需材料。

4. 可行性研究（配合参与）

场站管理人员建议掌握项目可行性研究报告内容，并参与可行性研究报告的审查工作。对可行性研究报告中的场站资源条件、设备选型建议等关键技术参数进行重点关注。

🎯 **工作要点**

（1）在项目可行性研究阶段，场站管理人员可充分了解当前对新技术、新工艺、新材料的应用情况，提出合理化应用建议。

（2）场站管理人员参与项目前期投资决策等工作时，须严格按照公司有关保密规定，履行保密义务。

第二节　项目建设管理

📝 工作介绍

项目建设是指从取得项目核准（备案）开始直到项目竣工验收结束的全过程，主要包括工程招标、施工准备、开工建设、启动验收、工程移交生产、竣工验收、后评价等工作。场站管理人员在该阶段重点应做好工程建设的安全、质量、进度的管控。本节适用于项目建设与生产管理一体化管理模式。

🔠 工作流程

1. 工程招标

场站管理人员配合提供项目建设招标文件相关技术标准，并提出设备选型建议，配合公司完成项目建设招标文件的编制工作。

2. 施工准备

在项目正式开工前，场站管理人员应参与项目总体设计方案审查，重点关注技术标准和主要设备选型内容。在项目建设期，

场站管理人员应参与设备微观选址工作及项目收口概算审查，并对生产准备费用进行复核。

3. 开工建设

场站管理人员应参与相关开工资料、资质、专项施工方案的审查，组织做好施工安全、质量、进度的管理工作，参与各施工阶段验收工作。

4. 启动验收

场站管理人员协调相关部门开展启动验收工作，根据所属电网要求，提前编制场站启动试运行方案报电网调度部门审批。协助公司组织召开启动委员会，并根据启动委员会确定的启动时间及电网调度部门批复的启动试运行方案，组织召开现场启动会议，开展启动试运行工作。

5. 工程移交生产

场站管理人员应组织做好设备设施试运行期间的各项记录，以及工程合同中备品备件、专用工器具的清点和记录工作。完成验收交接后，签订工程移交生产验收鉴定书，项目由工程建设期正式转为生产运营期，相应安全生产职责也一并移交。

6. 竣工验收

场站管理人员协调完成项目的专项验收等工作，完成不动产权证的办理，配合完成工程审计及竣工决算，形成竣工验收报告。

7. 后评价

竣工验收后商业化运行满一年应开展项目后评价工作，场站管理人员应做好建设、生产期间的信息的收集与整理，配合完成后评价报告编写。

工作要点

（1）场站管理人员应总结分析已投产设备设施运行情况，为后续类似项目设备选型提供可靠的技术参数和建议。

（2）场站管理人员应重点关注扩、改建工程项目施工过程中的安全风险管控。

（3）对于总承包管理模式，场站管理人员应定期组织召开工程协调会议，及时掌握土建、安装工程进度以及现场问题解决情况。

（4）场站管理人员应重点关注技术监督要求和反事故措施落实情况。

（5）对于转为生产管理的设备设施，应严格按照生产管理制度开展作业管理。

第三节 项目并购管理

📝 工作介绍

项目并购是指以收购或增资扩股等方式获得其他企业的控股或参股股权，或者购买其他企业所拥有的经营性资产。主要包括信息收集、项目立项、尽职调查、并购准备、并购交接、管理提升、并购后评价等工作。场站管理人员应全程参与，掌握项目情况，提出项目接管方案。

🏠 工作流程

1. 信息收集（配合参与）

场站管理人员应配合提供并购项目信息。新能源项目并购信息可通过地方政府、上游设备单位、工程设计单位、建设单位、运营单位、券商、投资银行、中介机构（会计师事务所、资产评估所、律师事务所）等渠道获取收集。

2. 项目立项（配合参与）

上级单位负责并购项目立项，公司配合上级单位开展基本情

况调查和风险评估工作，场站管理人员按照公司要求逐级配合开展具体工作。

3. 尽职调查（配合参与）

上级单位统一组织财税、技术、法律等尽职调查工作，场站管理人员应积极参与技术尽职调查，重点关注并购项目的设计、施工质量、调试质量、设备质量、发电效率、未来发电量、安全、运行维护、运营风险等方面的一致性与合规性。

4. 并购准备

场站管理人员应组织编制并购项目交接准备方案，报公司审批后报送上级单位。

采用委托运维模式的场站管理人员应配合公司起草运维协议，协助公司完成运维协议谈判。采用自主运维模式的场站管理人员应提前组织生产人员学习掌握并购项目资料，制订项目交接后运维模式。

场站管理人员还应负责准备并购项目所需各类管理制度、运维规程、物资、备用金等。

5. 并购交接

场站管理人员应根据交接清单组织清点设备、资料、物资等，发现问题或差异时及时汇报交接负责人。交接清单核对无误后会同对方确认签字，完成并购交接工作。

并购项目交接完成时间节点以工商变更时间节点为准。

6. 并购后评价

场站管理人员对交接准备、并购交接过程、结果及其影响进行研究和系统性回顾，分析存在的问题，总结经验和教训，提出对策建议，为下次项目并购提供参考经验。

⊙ 工作要点

（1）场站管理人员应重点关注影响人身设备安全的问题，并优先整改，确保人身、设备安全。

（2）场站管理人员应根据并购项目生产设备设施和现有人员情况，科学合理地制订拟并购项目运维模式。

（3）并购项目安全生产责任以项目完全交接时间为界。

第四节 生产准备管理

工作介绍

　　生产准备是指新能源项目建设完成后为能及时投入正常生产运行而开展的各项准备工作。主要包括组织机构设立、生产技术准备、生产物资准备、人员培训取证、安全设施准备、并网准备、整套启动、验收交接等工作。场站管理人员应统筹安排各环节工作，按生产准备计划逐项完成。

工作流程

1. 组织机构设立

　　场站管理人员应根据项目工程建设进度，建议公司成立项目生产准备组织机构，并明确组织机构职责。生产准备组织机构根据项目实际情况，编制生产准备方案报公司审批，并根据项目建设进度向公司申请配备生产准备人员，全面开展生产准备工作。

2. 生产技术准备

　　场站管理人员应参与新建、扩建、改建项目设备采购工作，

并组织开展生产资料编制及审核，组织开展设备试运行及技术监督等工作。

3.生产物资准备

场站管理人员应根据项目施工进度和实际工作需要，在项目投产前完成生产物资、非生产物资、应急物资的采购、验收和领用，确保满足场站正常投运后安全生产工作及生活需要。

4.人员培训取证

场站管理人员应根据工程进度和各阶段特点，制订生产准备人员培训计划，组织开展培训工作，建立培训档案，组织生产人员取得满足生产运维要求的资质证书。

5. 并网准备

场站管理人员根据项目所属电网并网要求，做好项目投产前准备工作，配合完成与电网公司的合同签订、资料提报以及涉网试验等工作，确保机组可以投入试运行。

🎯 工作要点

（1）场站管理人员应重点关注生产准备总体工作进度，召开生产准备会议，协调解决生产准备工作中出现的问题。

（2）场站管理人员应统筹考虑并网准备与工程建设进度节点的衔接，在工程建设具备试运行条件前完成相关并网准备工作。

（3）在设备安装调试阶段，应组织生产准备人员在调试人员监护、指导下学习设备的检修工艺和操作流程。

（4）当场站采用委托运维管理模式时，应要求承包单位及时派出专业人员在整套启动前进入现场，了解公司安全生产管理要求和设备情况，熟悉工作环境，确保设备的顺利接管。

第二章

场站生产管理

第一节 检修管理

📝 工作介绍

检修管理是指场站根据设备设施的运行情况开展相应的检查和维修工作。主要分为定期检修、状态检修、故障检修（含大部件检修）。场站管理人员应全面掌握场站设备实际运行状态，组织开展场站检修工作，提高设备检修质量。

🔧 工作流程

1. 年度检修计划的编制、申报

场站管理人员应组织编制本场站年度检修计划及各项检修预算费用，报公司审核。

2. 年度检修计划实施

场站管理人员应根据公司下达的年度检修计划，结合场站设备实际情况及气候条件，统筹安排各项检修工作时间，经公司批准后执行。

3. 检修工作实施前准备

场站管理人员应组织编制检修"三措一案"和检修前设备运

行分析报告报送公司审核。并在开工前组织检查人员、物资、工器具、仪器仪表准备到位。开工前组织召开检修启动会议。

4. 检修实施过程

在检修期间，场站管理人员应监督场站运维人员严格把握检修质量，每日组织检修总结会议，科学合理安排当日质检点验收，协调解决检修过程中存在的问题。

5. 检修项目验收

检修项目具备验收条件时，场站管理人员应组织相应等级的验收工作，并负责检修项目二级验收工作。

6.检修项目试运行

设备检修工作结束并经验收合格后，场站管理人员应组织开展设备试运行工作。对于试运行期间出现的设备缺陷，应督促检修方及时处理。

7.检修完工资料上报及工作总结

检修工作结束后，场站管理人员应组织召开检修工作总结会议，对所有检修工作的整体工期、物资使用情况、质量控制、缺陷处理情况、安全管理等方面进行详细总结。

◎ 工作要点

（1）若检修项目需变更或取消时，场站管理人员应提前安排布置，并做好变更手续办理，避免"未批先干"。

（2）检修计划申报时，应重点关注重复缺陷。检修过程中，重点关注重大缺陷。检修结束后，做好缺陷产生原因分析。

（3）场站管理人员应持续关注出舱、吊装、高压试验等高风险作业环节，做到合理安排、监督到位。

（4）场站管理人员应利用好检修协调会，做好组织协调、质量管控、缺陷分析、进度把控等工作。

第二节 运行管理

📝 工作介绍

运行管理是场站生产运行各项管理工作的总称。主要内容包括运行值班、"两票三制"、事故应急处理、运行分析、信息报送等。场站管理人员应组织运行人员落实各项运行管理工作，保证生产设备安全、稳定、经济运行。

🔧 工作流程

1. 运行值班

场站管理人员应根据场站人员配置情况，制订合理的运维模式。定期检查运行日志、交接班记录、定期工作、巡检记录、值班纪律等工作开展情况，确保各项运行工作正常开展。

2. "两票三制"

场站管理人员应加强监督"两票三制"执行情况，面向生产人员做好"两票三制"培训，确保"两票三制"执行到位，避免发生无票作业、代签票、安全措施不完善等问题。

3. 事故应急处理

场站管理人员应定期开展事故预想，并组织应急演练，不断提高场站人员应急处置能力，处置过程中应严格遵守电网、公司应急预案等相关规定。

4. 运行分析

场站管理人员应定期组织召开经济运行分析会，分析本场站设备运行状况、运行方式、运行参数、指标完成情况和存在问题。针对存在的问题及时制订整改措施，不断提高设备运行管理水平。

5. 信息报送

场站管理人员应严格审核本场站拟报送的生产信息，按要求上报政府、电网、公司各类报表。

🎯 **工作要点**

（1）场站管理人员应重点关注存在缺陷设备的运行情况，监督预防措施的执行情况，要求运行人员加强巡检和运行监控。

（2）场站管理人员应重点关注特殊天气、临时检修等特殊运行方式。

（3）重大操作时，场站管理人员应重点关注人员到岗到位情况以及安全措施、技术措施的执行情况。

（4）场站管理人员应持续关注运行定期工作开展情况，确保各项定期工作按时按质完成。

第三节　承包商管理

工作介绍

　　承包商管理是指由场站发包，通过合同承担其所委托的项目建设或设备供货的工程劳务组织者或设备制造者的管理工作。承包商管理主要包括承包商准入、承包商开工前审查、承包商履约期管理、承包商考核评价四部分。场站管理人员应重点落实各方主体责任，完善承包商监督管理体制，提升承包商所承担工作的实施能力，切实保障人身及设备安全。

工作流程

1. 承包商准入

　　场站管理人员在承包商招标阶段，应明确承包商资质和安全质量管理要求并纳入招标文件中，评标时应认真对照招、投标文件中相关内容，对承包商资质资信、履约能力、管理水平等逐项进行核实，合同签订时应将承包商澄清承诺的事项落实在合同相关条款中，并将自身管理体系确定的安全质量管理模式、程序和要求，在合同中以独立章节对承包商安全监督、质量管理等方面予以明确。

2. 承包商开工前审查

场站管理人员在承包商开工前应初步审查承包商相关资质证书，重点审查施工人员的资格证、上岗证及体检合格证明，开工前应认真组织承包商人员的安全教育培训工作，经考试合格方可办理进厂许可手续，相关资料初审通过后提交公司审核。

工程开工前，场站负责人应要求承包商按照合同要求完成施

工方案的编写工作，场站管理人员应组织场站运维人员根据施工方案编制"三措一案"并报公司审核。

场站管理人员应要求承包商严格落实安全措施，在完成公司规定的开工前各项要求，并办理完成工作票和工作许可手续后方可开始工作。

3. 承包商履约期管理

开工后，场站管理人员应做好施工现场的监管。重点是对承包商的安全、技术措施落实情况进行检查。危险性较大的施工和作业现场，场站管理人员必须安排专人旁站监督。场站管理人员应定期组织专人对承包商合同中列支的安全专项费用使用情况进行检查，确保安全专款落实到位。场站管理人员应定期组织承包商专题会议协调施工安全、质量、进度等事项。

4. 承包商考核评价

场站管理人员应提前在承包商合同中明确承包商安全、质量等方面的管理办法，并设置相关考核条款。合同执行完毕，场站管理人员应组织开展承包商对承包商合同履行情况的整体评价，并将此评价与该项目招标时资质设定情况进行对比，提炼承包商管理经验，从而不断提升承包商管理水平。

🎯 工作要点

（1）场站管理人员应监督承包商建立安全生产主体责任制度，

建立健全安全保证体系、监督和培训体系，制定和落实安全生产规章制度和操作规程，配备满足项目需要的安全监督管理机构和人员，加强日常自主安全管理。

（2）场站管理人员应安排专人落实施工工器具、安全用具的监督管理工作，督促建立施工工器具、安全用具台账，保证设备的机械性能、电气性能以及安全防护性能等，确保检验试验合格且在有效期内。

（3）场站管理人员应加强承包商施工方案管理，重点对施工方案和安全技术措施、施工现场危险源识别等内容进行审核，并安排专人组织承包商开展安全技术措施交底。

（4）场站管理人员应将合同执行期为长期的承包商纳入项目公司生产管理体系，明确现场工作实施要求。承包商工作人员应进行工作票"三种人"的分类考试，并根据考试结果给予施工资格认可。

（5）对存在较大风险的施工项目，场站管理人员应要求承包商提供相关应急预案，必要时开展专题培训，使双方明确在应急响应中的角色和责任分工。

（6）场站管理人员应加强对施工质量的过程控制，并按照档案管理要求及时将施工质量、技术管理的相关文件、资料整理归档。

第四节　技术改造管理

▣ 工作介绍

　　技术改造是指为提高场站安全性、可靠性和经济性，或为了满足生态环保要求，而开展的完善、配套和改造工作。主要内容包括技术改造项目计划、技术改造项目实施、技术改造项目验收、技术改造项目后评价等。

⊞ 工作流程

1. 技术改造项目计划

　　场站管理人员应组织人员编制三年滚动规划、年度技术改造计划、技术改造项目建议表和技术改造项目可行性研究报告。对于需要前期工作费用的，应编制技术改造项目前期费用申请表。

2. 技术改造项目实施

在招标阶段，场站管理人员应组织编制技术改造项目的招标文件，明确相关技术要求，并参与评标工作，落实相关要求，选择合适的承包商。

在项目开工前，场站管理人员应组织做好承包商入场准备、安全教育培训和安全技术交底。

在施工过程中，场站管理人员负责初审技术改造项目的开、竣工手续，负责对项目安全、质量、进度、费用、资料等进行全过程管控。严格按照批准的预算控制技术改造项目的投资，合理

控制项目造价。

3. 技术改造项目验收

项目具备验收条件时，由场站管理人员根据项目类别组织不同等级的验收，应重点关注项目实施完成后的技术、经济、环保、安全性能等指标是否达标。

4. 技术改造项目后评价

场站管理人员应组织做好技术改造工作的分析、总结和后评价工作，编制技术改造工作总结及项目后评价报告。

🎯 工作要点

（1）在立项阶段，场站管理人员应重点关注技术改造项目前期调研和准备工作，避免出现预算不足，技术不成熟等问题。

（2）若项目发生变更或取消时，场站管理人员应及时办理变更手续。

（3）场站管理人员应重点关注技术改造项目进度，及时协调相关事项，确保技术改造项目按期完成。

（4）场站管理人员应重点关注跨年度项目进度和费用使用情况，安排当年技术改造工作时，避免前一年的跨年度项目遗漏。

（5）场站管理人员应做好技术改造费用资金管理，严格履行内部审批程序，资金必须专款专用，严禁擅自挪作他用。

（6）场站管理人员应结合场站生产车辆使用情况，及时将更新购置车辆纳入年度技术改造（资本性支出）计划，确保场站生产工作不受影响。

（7）场站管理人员应关注技术改造过程中受限空间、高空作业、交叉作业等高风险作业环节，做到合理安排、监督到位。

（8）场站管理人员应重点关注技术改造项目完成后生产人员对新系统、新设备、新工艺、新技术的培训及掌握。

（9）场站管理人员应重点关注技术改造项目完成后设备异动手续的办理，确保运行方式、操作规程、图纸资料、参数定值等及时更新并下发执行。

第五节 生产费用管理

工作介绍

　　场站生产费用是指用于场站生产活动过程中所发生的各类直接或间接费用。主要内容包括生产费用计划、生产费用执行、生产费用调整、生产费用分析等。场站管理人员应严格把控生产费用预算，合理、合规安排各项生产费用的支出。

工作流程

1. 生产费用计划

　　场站管理人员应参考本场站历史生产费用支出情况，结合场站物资储备情况、年度检修计划、重大隐患和缺陷等情况，组织编制场站年度生产费用计划，报公司审核。

2. 生产费用执行

场站管理人员应严格执行年度生产费用预算，根据本场站设备特点，合理做好相关生产费用分解和执行工作。

3. 生产费用调整

因客观条件发生变化造成生产费用可能超年度预算时，场站管理人员应及时汇报公司，办理生产费用调整手续。

4. 生产费用分析

每年末，场站管理人员应总结年度生产费用实际使用情况，分析执行过程中存在的偏差，为下年度生产费用合理、合规支出

提供参考依据。

🎯 工作要点

（1）场站管理人员应重点关注生产费用预算执行率，力争生产费用预算执行率达到100%。

（2）场站管理人员应确保生产费用专款专用，不得超支，严禁将生产费用挪作他用或转移结余资金，确保合规可控。

（3）场站管理人员应重点关注生产费用预算申报工作，要结合本场站设备及环境特点，全面考虑生产费用预算，提高预算准确率。

第六节 技术监督管理

📝 工作介绍

技术监督工作是指以国家、行业技术标准为依据，以计量为手段，对场站电力设备的健康水平及与安全、质量、经济运行相关的重要参数、性能、指标进行监测与控制，对生产业务所遵循的技术标准以及技术实现途径进行全过程动态监测与纠偏控制。主要内容包括技术监督工作计划、技术监督工作实施、技术监督工作总结。

🔧 工作流程

1. 技术监督工作计划

场站管理人员应依据国家、行业标准、反事故措施要求，结合设备运行情况、性能状况及设备设施检修技术改造等工作，组织编制年度技术监督工作计划，并报送公司审核。

2. 技术监督工作实施

场站管理人员应根据年度技术监督工作计划，按期组织开展

各项工作，定期对技术监督开展情况，技术监督报表、总结进行监督评价。对于检查发现的问题，应按照"五定原则"督促整改闭环。

3. 技术监督工作总结

场站管理人员应按要求编审本场站季度、半年、全年的专业技术监督总结及报表，并报送公司审核。

🎯 **工作要点**

（1）场站应明确技术监督专业管理人员，当人员发生变动，场站管理人员应及时向公司报备。

（2）场站管理人员应持续组织开展技术监督专业知识培训，提高场站技术监督管理水平。

（3）场站管理人员应重点关注技术监督过程中发现的设备问题，组织鉴定分类，并纳入检修、技术改造、消缺计划，确保整改闭环。

（4）场站管理人员应及时学习国家、行业最新发布的标准、规范，作为本场站技术监督工作的执行依据。

第七节 设备缺陷管理

工作介绍

　　缺陷是指在生产过程中，场站运行或备用的设备、系统、重要建构筑物发生影响设备安全、稳定、经济运行或影响文明生产的状况和异常现象。设备缺陷管理就是通过缺陷识别、分类处理、统计分析等工作消除场站的设备缺陷。

工作流程

　　1. 缺陷识别

　　场站管理人员应通过组织技术交流、案例学习、技术培训等方式，加强场站运维人员对缺陷的识别能力，通过日常巡检、技术监督、专项检查等方式及时发现缺陷，并要求场站运维人员及时登记缺陷，发起缺陷处理流程。

　　2. 分类处理

　　场站管理人员应对场站所有缺陷分类准确性进行监督考核，提高缺陷分类准确性。场站管理人员可通过缺陷分析会对场站缺陷进行督办，确保消缺率、消缺及时率和消缺质量。场站管理人员应参与公司组织的一类缺陷验收，负责组织二类缺陷验收，定期检查三、四类缺陷验收。

3.统计分析

场站管理人员应定期组织召开缺陷分析会，对缺陷数量进行统计，重点对重复缺陷、超期缺陷发生的潜在原因进行分析，并制订防范措施。

工作要点

（1）场站管理人员应重点关注无法及时消除的缺陷，确保预防措施落实到位，避免缺陷进一步扩大。

（2）场站管理人员应定期关注延期缺陷处理情况，避免遗忘，做好缺陷整改闭环。

（3）针对消缺难度较大的缺陷，场站管理人员应提前组织策划，根据情况及时协调外部力量处理。

（4）场站管理人员应持续加强场站备品备件管理，确保消缺所需备件及时供应。

第八节 安全管理

工作介绍

安全管理是指以国家的法律、规定和技术标准为依据,采取各种手段,对场站生产的安全状况,实施有效制约的一切活动。主要内容包括组织体系建立、风险管控、安全教育培训、相关方管理、工作场所管理、生产用具管理、职业健康管理、安全检查及隐患管理、应急管理、事故事件管理等。

工作流程

1.组织体系建立

场站管理人员应根据场站人员配置,建立健全场站安全生产组织机构,明确各级生产人员安全生产责任制,与场站运维人员签订安全生产目标责任书,制订保障安全目标措施,监督落实场站各项安全生产工作,保障场站安全生产运行。

2.风险管控

场站管理人员应组织建立作业活动清单和专项安全风险评

估对象清单，组织开展作业活动危险源辨识、作业活动风险评价、制订作业活动风险控制措施、明确作业活动风险分级管控级别、组织风险告知，通过安全风险预控卡实现场站风险管控。

3. 安全教育培训

场站管理人员应组织制订年度安全教育培训计划，报送公司审核。严格按计划组织开展安全教育培训工作，督促场站人员和承包商开展安全培训与宣传，确保员工具备与岗位相适应的安全生产知识和能力。

4. 相关方管理

场站管理人员应督促承包商签订安全生产管理协议和交叉作业安全生产管理协议。审核本场站承包商单位和人员的安全资质、条件，组织承包商办理相关开工许可手续，施工前应对各项安全措施准备情况进行审查，做好施工现场的安全管理及监护工作。组织外包工程完工后的竣工验收，定期对承包商进行安全信用评价。

5. 工作场所管理

场站管理人员应定期对生产设施、安全设施、消防设施、安保设施、生产建（构）筑物的检查、维护、保养记录和台账进行检查，确保工作场所各类设施处于良好状态。定期开展危险化学品辨识，识别并控制危险物品管理各环节风险。

6.生产用具管理

场站管理人员应定期组织审核工器具、安全工器具、劳动防护用品、仪器仪表、梯子、平台清册、特种设备、机动车辆的检查、保养、校验记录和台账，确保各类生产用具处于完好状态。

7.职业健康管理

场站管理人员应规范职业病危害因素监测、职业健康监护管理，组织预防、控制、消除场站职业病危害因素，系统地观察场站运维人员健康状况，防治职业病，保护场站所有运维人员健康。

8.安全检查及隐患管理

场站管理人员应定期组织开展安全生产检查和安全生产隐患排查治理工作，识别可能导致人员伤害、财产损失的行为或条件，并监督管理，防止和减少事故事件发生。

9.应急管理

场站管理人员应按计划组织开展应急演练工作，提高场站运维人员对突发事件应对能力。按公司要求配合开展应急能力建设评估，查找应急能力存在的问题和不足，提升应急能力。

10. 事故事件管理

场站管理人员应按公司要求，配合开展事故事件调查，落实整改措施。

工作要点

（1）场站管理人员要深入生产一线扎实开展各类安全检查，及时发现并制止违章现象，严肃处理各类违反"安全禁令"行为。

（2）场站管理人员应重点关注"两票"执行情况，每月开展两票统计分析，查找存在问题，提高两票质量，保证作业风险管控能力。

（3）场站管理人员应扎实开展安全教育培训，持续提升场站运维人员安全意识和场站安全生产管理水平。

（4）场站管理人员应重点做好承包商单位和人员资质审核工作，并做好承包商安全教育培训考试和安全技术交底，并将承包商纳入日常安全管理。

第九节　消防管理

工作介绍

消防管理是通过提高场站运维人员的消防安全意识及对火灾危害性的认识，组织进行火灾预防、火灾扑救和人员疏散等管理工作。主要包括消防规程、台账建立、消防安全教育培训、消防系统运维、消防安全检查、消防安全应急管理等内容。

工作流程

1. 消防规程、台账建立

场站管理人员应组织贯彻落实国家有关消防安全的法律、法规、标准和规定，配置相关消防设施、器材，做到消防"三同时"，同时建立场站消防制度及相关台账。

2. 消防安全教育培训

场站管理人员应组织场站运维人员参加消防安全教育培训，强化对消防标准、规定的理解，提升对消防设施使用的熟练程度。

3. 消防系统运维

场站管理人员应督促运维人员定期开展消防设备设施及消防器材的日常检查、定期试验、维修保养及消缺等工作，确保消防设施处于完备状态。根据消防设备设施及消防器材使用年限，及时办理报废手续并及时更新。

4. 消防安全检查

场站管理人员应合理划分消防安全重点部位，确定防火责任人，监督场站运维人员开展消防安全检查，定期开展防火专项检查，结合重要节假日、春季、秋季安全大检查开展专项防火监督检查。

5. 消防安全应急管理

场站管理人员应与地方应急救援机构建立应急联动机制，开展日常交流、联合演习、签订相互支援协议。场站管理人员应按照公司要求定期组织火灾应急演练，提高场站运维人员火灾应急处置能力。

◎ **工作要点**

（1）场站管理人员应重点关注新建、改建、扩建工程的消防"三同时"。

（2）场站管理人员应重点关注易燃、易爆危险物品和场所的防火防爆工作，对疏散通道、安全出口、消防通道、燃气和电气设备防雷防静电等方面要加强检查和管理。

（3）场站管理人员应组织场站运维人员参加消防技能培训，取得国家颁发的职业资格证书。

（4）场站管理人员应重点关注场区林地、草地等区域的防火管理。

（5）当消防设备设施及消防器材达到设计使用年限或试验不合格时，场站管理人员应组织对其进行报废处理，并对已进行报废处理的消防器材及时补充，确保消防器材配置满足使用要求。

（6）场站管理人员应定期组织场站运维人员开展消防系统试验、切换工作，确保消防系统可正常运行，并做好检验记录。

第十节 节能环保管理

📝 工作介绍

节能环保管理是指场站在工程建设及生产运营阶段，全过程开展的资源节约与生态环境保护的相关工作。通过采取有效可行的技术及措施减少污染物排放，从而减少对生态环境的影响。主要内容包括环保合规管理、环保监督管理、节能环保提升管理、节能环保指标管理等工作。

品 工作流程

1. 环保合规管理

场站管理人员应在工程建设阶段做到环保"三同时"，严格按照环评批复要求，完成相关设施建设，并按要求开展环保验收工作。

2. 环保监督管理

场站管理人员应根据年度工作计划，定期组织环保设备设施现场检查，并组织场站运维人员对环保相关法律法规进行学习。

3. 节能环保提升管理

场站管理人员应持续跟踪新技术、新工艺、新设备、新材料，利用技术改造、科技创新等方式，提升场站的节能降耗水平，确保满足各类生态环保要求。

4. 节能环保指标管理

场站管理人员应重点关注综合场用电率、万元产值综合能耗（可比价）、危废及固废处理情况，确保节能环保指标达标。

◎ 工作要点

（1）场站管理人员应重点关注本场站危废处置流程，确保合规。危废必须委托经政府部门批准并具有相关资质的单位进行处理。

（2）场站管理人员应重点关注同行业生态事件，定期组织开展应急演练，确保发生生态环境污染事件能够及时准确处理。

（3）场站管理人员应及时完成节能环保信息报送，并保证信息完整性、准确性。

（4）场站管理人员应不断提高环保意识，关注场站周围生态环境，及时反馈与场站相关的生态环境问题。

第十一节　科技创新管理

📝 工作介绍

　　科技创新是指创造和应用新知识、新技术、新工艺，采用新的生产方式和经营管理模式，开发新产品，提高产品质量，提供新服务的过程。科技创新被分成知识创新、技术创新和现代科技引领的管理创新。场站可结合安全生产、节能增效、智慧化建设等实际需求，开展科技创新工作。主要内容包括科技创新项目申报、科技创新项目实施、科技创新项目验收、科技创新项目知识产权管理等。

🔧 工作流程

1. 科技创新项目申报

　　场站管理人员应按要求组织编制科技研究项目申请书、科技研究项目任务书，报公司审核。

2. 科技创新项目实施

　　场站管理人员应按照批准的项目任务书落实相关配套条件，

组织项目实施，确保科技研究项目按计划执行。

3.科技创新项目验收

科技研究项目完成后，场站管理人员组织或参与公司开展科技创新项目验收工作。

4.科技创新项目知识产权管理

场站管理人员应按公司规定，对形成的科技成果及时申报国家专利，不便申报专利的，应按技术秘密进行保护。在科技经费预算范围内形成的知识产权归公司所有。

◎ 工作要点

（1）场站管理人员应重点关注科技创新项目进度，定期组织召开阶段总结会议，确保项目按时按质完成。

（2）场站管理人员应重点关注科技经费使用，专款专用，严禁将科技经费挪作他用。

（3）场站管理人员应重点关注科技创新项目完工验收，确保各项成果和技术指标符合合同要求。

第十二节　技术档案管理

工作介绍

　　技术档案是指场站开展各项活动中形成的对国家、社会和企业具有利用和保存价值的各种文字、图表、声像等不同形式的历史记录。主要内容包括技术资料收集、技术资料归档、技术资料日常管理。

工作流程

1. 技术资料收集

　　场站管理人员应组织场站运维人员做好日常技术档案的编制及收集整理工作，并保证技术资料完整、准确。资料应包含但不限于图纸、规程、"三措一案"、各类台账、试验报告等。

2. 技术资料归档

　　场站管理人员应安排专人对场站技术资料进行归档保管，各类技术资料应分类建档保存，保存期限以公司档案管理制度要求为准。

3. 技术资料日常管理

场站管理人员安排专人建立技术档案台账，台账内容应目录完整，分类清晰。

🎯 工作要点

（1）场站管理人员应明确区分技术资料采用纸质或电子形式，确定场站技术资料归档周期。

（2）场站管理人员应关注设备定值更改、生产工艺变更、设备异动等情况，安排专人及时更新技术资料信息，保证技术资料的时效性。

（3）场站管理人员应持续开展技术档案培训工作，不断提高场站运维人员技术档案管理能力。

（4）场站管理人员应安排专人做好资料借阅管理，借阅技术资料应做好记录，明确归还时间，避免资料遗失。

第十三节　并购项目生产管理

📝 工作介绍

并购项目生产管理是为了让新并购场站尽快融入生产管理体系，规范其生产管理秩序，达到不断提升生产管理水平的目的。应重点关注运行管理、发电设备与基础设施管理、相关方管理、安全管理、生产物资及技术资料归档等管理活动。

🔧 工作流程

根据并购项目现场实际情况，可按照以下三个时间段安排管理内容，逐步提升工作要求，最终形成与自身生产管理模式一致的管理体系。

1. 第一阶段管理工作

在场站新并购后半年内，场站管理人员应组织建立安全生产管理组织机构，做好生产人员的上岗取证，对场站运维人员开展三级安全教育培训。

场站管理人员应督促建立信息报送系统及机制，盘查场站内的相关物资，建立健全档案、台账，梳理场站合同签订情况和安全、消防设备设施情况。

场站管理人员应重点关注遗留问题整改，以及场站规章制度、图纸、规程的完整性。明确场站设备检修、消缺维护人员职责分工，落实场站检修维护工作。

2. 第二阶段管理工作

在场站新并购后一年内，场站管理人员应总结第一阶段组织机构运转情况，优化管理方式。场站管理人员应组织完善基本制度，提升网络安全管理水平。对于遗留问题，确保整改闭环，组织开展技术监督以及电力设备预防性试验工作，持续开展生产环保规范管理。

组织制订安全生产教育和技术技能培训计划，定期开展技能竞赛、技能评估，不断提升场站运维人员技术水平。

3. 第三阶段管理工作

在场站新并购后两年内，场站管理人员应对并购场站经济环境、调度机构等环境因素开展调研，熟悉当地电力市场化交易规则。

场站管理人员应建立人才培养机制，组织开展班组交流、专业培训。积极开展与周边同类项目的指标对标工作，掌握场站所在地气候特点，做好应对极端天气和自然灾害的准备。

场站管理人员应组织开展设备隐患排查和治理，积极开展科技创新活动，解决生产经营过程中的重点难题。

🎯 **工作要点**

（1）场站管理人员应重点关注并购项目生产设备设施全面排查情况，根据《防止电力生产重大事故的二十五项重点要求》制订整改计划，落实整改。

（2）场站管理人员应持续开展并购项目设备培训，确保生产人员对设备熟悉程度，防止误操作情况发生。

（3）场站管理人员应重点关注并购项目安全工器具、仪器仪表等关键用具配置情况，及时补充，以确保场站日常管理所需。

（4）场站管理人员应重点关注并购项目常用备品备件和事故备品备件储备情况，必要时予以补充，以确保设备正常运行。

（5）场站管理人员应利用技术监督手段，进一步发现设备存在的隐患，不断提升设备健康水平。

第十四节　合理化建议管理

工作介绍

合理化建议是指对场站生产经营管理全环节所提出的，且具有可操作性的改良方法或措施。主要内容包括合理化建议提出、合理化建议评审、合理化建议落实、合理化建议推广、合理化建议奖励等。

工作流程

1. 合理化建议提出

场站管理人员应组织场站运维人员针对场站生产经营管理等方面存在的不足环节提出合理化建议，组织填写完整的合理化建议单，报公司评审。

2.合理化建议评审

场站管理人员应配合公司开展合理化建议的评审工作，必要时对合理化建议进行补充，重点对其可行性、经济性、安全性、时效性进行说明。

3.合理化建议落实

合理化建议被采纳后，场站管理人员应组织或配合做好合理化建议实施的落实工作。

4.合理化建议推广

场站管理人员对具有可复制性的合理化建议应做好推广应用

工作，配合公司进行推广，协助其他场站落实执行。

5. 合理化建议奖励

场站管理人员根据公司合理化建议奖励办法，在奖励落实后，应确保奖励落实到人。

🎯 工作要点

（1）场站管理人员应重点审核合理化建议的合理性、可操作性以及可推广性。

（2）场站管理人员须合理合规分配相关奖励分配，结果应有利于激发相关人员主动性和积极性。

第十五节　QC 活动管理

🖹 工作介绍

　　QC 活动是指围绕场站存在的问题，以改进质量、降低消耗、提高人员素质和经济效益为目的而组织开展的活动。主要内容包括 QC 小组注册、QC 课题注册、QC 活动实施、QC 成果申报、QC 成果推广等。

🔠 工作流程

1. QC 小组注册

　　场站管理人员应每年初组织场站 QC 小组注册工作，小组人数一般以 3~10 人为宜。组长及成员确定后，组织编制并审核"QC 小组注册登记表"，报公司审批。

2. QC 课题注册

　　场站管理人员应以切实解决现场实际问题为目的，组织选定 QC 课题，编制并审核"QC 小组课题注册登记表"，完成本场站 QC 课题申报工作。若需发生费用，应按照公司要求编制费用详

细说明，报公司审批。

3. QC 活动实施

场站管理人员应定期检查、监督、指导 QC 小组开展 QC 活动，通过"PDCA"循环、统计技术等科学方法，对所选课题进行详细计划、实施、检查和改进，最终达到课题所设定的目标。

4. QC 成果申报

场站管理人员应组织 QC 小组成员认真回顾课题活动全过程，总结分析活动的经验教训，搜集和整理小组活动原始记录和资料，按照 QC 小组活动的基本程序整理编制 QC 成果申报报告，报公司审核。

5.QC 成果推广

场站管理人员对获得公司、上级单位及更高级别的 QC 成果应配合推广，协助其他新能源场站进行成果应用。

🎯 **工作要点**

（1）场站管理人员应重点关注 QC 课题开展进度，定期组织召开阶段总结会议，确保课题按时完成。

（2）场站管理人员应重点关注 QC 经费使用，专款专用，严禁将经费挪作他用。

（3）场站管理人员应重点关注 QC 项目成果申报及推广，确保 QC 成果具有实际意义，并能得到推广应用。

第三章

场站经营管理

第一节　信息化日常管理

工作介绍

　　信息化日常管理是指对生产现场工业控制系统及管理信息系统开展的建设、运维工作。主要包括系统建设、系统运维、系统优化等工作。场站管理人员应重点关注各系统运行情况及网络安全防护管理。

工作流程

1.系统建设

　　场站工业控制系统应遵照新能源场站设计规范要求及相关规定，确定建设内容及范围。系统建设完成后需调度机构调试验收后方可投入运行。管理信息系统应根据上级单位及公司管理信息系统建设情况，编制场站基础数据资料，录入公司管理信息系统在生产经营期同步使用。

2.系统运维

　　场站管理人员应安排专人做好工业控制系统的运维工作。在网络安全攻防演练等特殊期间应组织制订具体防护措施，经公司审定后遵照执行。

3. 系统优化

在工业控制系统使用过程中，场站管理人员应组织收集相关问题，根据调度机构管理要求及自身管控要求，提出系统优化意见及改造方案，负责落实执行。

工作要点

（1）场站管理人员应做好现场网络安全管理工作，制定各项

网络安全管理细则及相关应急处置预案，并定期开展应急预案的演练。

（2）场站管理人员应规范信息化日常管理，重点对系统的漏洞补丁、病毒查杀、口令密码管理及移动存储介质使用提出明确规定。

（3）场站管理人员要做好节假日、特殊时期的网络安全防护工作。提前做好特殊时期设备系统的自查工作，确保系统可靠稳定运行。

（4）建议场站将办公区域网络与宿舍区域网络进行分离。

第二节　指标对标管理

工作介绍

　　指标对标管理是通过开展内部和外部对标活动，以指标找差距，强化场站生产管理，提升现场管理水平。主要内容包括分析场站现状、明确对标内容、开展对标提升等。

工作流程

1. 分析场站现状

　　场站管理人员应组织场站运维人员对场站历史数据开展全面梳理，对比指标变化情况，对指标变化情况进行分析，查清指标变化根本原因，综合评估场站指标情况。

2. 明确对标内容

　　场站管理人员应根据场站指标综合评估情况，结合场站设备情况、运行方式、气候条件、地理位置等，组织选定对标内容。

　　对标一般分为内部和外部对标。其中外部对标指的是与外部单位开展的对标，一般包括风（光）资源指标、电量指标、能耗指标、设备运行水平指标、运行维护指标、设备可靠性指标等内容；内部对标指的是公司内部场站间的对标，在外部对标内容的基础上增加故障损失电量、保险理赔及时率、大部件故障处理及时率、两个细则考核等内容。

3. 开展对标提升

场站管理人员应选择 1~2 个各项生产指标排名靠前的场站作为标杆对象，收集其近三年指标数据，建立指标对标数据库，对指标数据逐项进行对比分析。对标过程中发现的问题，应针对性地提出改进措施；定期组织召开专题会议，协调解决对标

过程中出现的问题，安排部署下阶段工作任务，确保对标工作有序开展。

🎯 工作要点

（1）场站管理人员应组织场站广泛与同区域内其他先进标杆场站对标，除生产指标对标外，后续可延伸到从安全、经济、环保、管理水平等各个方面开展全方位综合对标。

（2）场站管理人员应对生产指标对比的结果进行综合分析，分析自身与其他场站的差距，充分从管理手段和内外部环境上分析存在的异同，必要时通过采用技术改造、科技创新等手段，提升指标水平。

（3）场站管理人员要把对标管理工作与日常工作有机地结合起来，做到对标管理工作规范化、常态化。对标过程中，要通过动态的对标管理，不断确定最优指标，确立新的标杆指标，确保标杆的先进性。

（4）对于新投产场站，在对标管理工作中，对标指标可由少到多，由主到次，逐渐推进，不断总结经验，持续改进、完善生产指标对标管理体系。

（5）场站提供的各项对标指标必须真实、准确，应切实反映各场站的生产运营管理水平。

第三节　市场营销管理

工作介绍

　　市场营销管理是根据市场供求信息、交易规则和发电成本，达到调整场站营销策略、保证电价、提高售电量的目的。主要内容包括交易前分析、中长期交易、现货交易、交易资料归档等。

工作流程

1. 交易前分析

　　场站管理人员应结合本场站发电能力、历史同期数据、风光资源预测情况，预测下一年度、月度发电能力，并报送公司。

2. 中长期交易

　　按照行业主管部门发布的交易通知及公告，场站管理人员应配合公司组织开展电力交易市场分析和电价测算，编制交易方案，并按照公司下发的交易电量进行申报和落实。

3. 现货交易

　　对于现货交易，场站管理人员应根据现货市场交易规则，对日前、日内及实时功率预测，通过交易中心平台申报电力现货交易分时"电力－价格"曲线，按公司提供的申报现货交易价格区间按时做好申报，并做好申报记录。

4. 交易资料归档

场站管理人员应督促场站运维人员在完成交易申报后，将交易电量申报决策分析等相关文件，按公司档案归档要求及时归档，为后续电量交易申报提供参考依据。

工作要点

（1）场站管理人员应组织做好交易规则的研究工作，深入分析研判当期市场消纳情况，在保证交易电量的同时保障整体电价水平。

（2）场站管理人员要关注风（光）功率预测系统的日常维护和升级改造，提高风（光）功率预测的准确率，减少交易电量偏差，避免"两个细则"的考核。

（3）在电量执行过程中，场站管理人员应要求场站运维人员做好运行监盘工作，避免 AGC 超发，导致场站被调度考核，给公司电量交易带来不良影响。

（4）场站管理人员应定期联系当地行业主管部门，了解电力发展规划、电改工作进展、新能源消纳等方面的政策，研判发展趋势。

（5）场站管理人员可通过直购电交易、发电权置换交易、外送电量交易和现货交易等方式，提高场站实际发电能力，为场站增加经济效益。

第四节 绩效考核管理

工作介绍

绩效考核管理的目标是促进场站内部管理机制的高效运作，客观评价场站运维人员的工作绩效，激发场站运维人员履行岗位职责的主动性、积极性。主要包括绩效考核标准建立、绩效考核指标实施、绩效考核评价与改进、绩效考核结果应用等内容。

工作流程

1. 绩效考核标准建立

场站管理人员应根据公司员工绩效考核管理要求，结合本场站人员结构、管理模式、地理位置等实际情况，组织制定场站绩效考核实施细则和考核指标体系。

2. 绩效考核指标实施

场站管理人员应根据场站绩效考核实施细则和考核指标体系，通过"德、能、勤、绩"四个维度以及专项指标安全考核、

专项加分等方式，对场站运维人员进行综合考核评价。

"德"主要考核场站运维人员在诚实守信、爱国敬业等职业道德方面的品质。"能"主要考核场站运维人员在业务能力、责任担当、创新成长、组织协调等方面的情况。"勤"主要考核场站运维人员在精神状态、工作作风、勤政务实等方面的情况。"绩"主要考核场站运维人员完成任务、实现目标、攻坚克难、取得成绩等方面的情况。

3.绩效考核评价与改进

场站管理人员应对场站运维人员年度绩效考核工作做出综合评价，可采用优、称职、基本称职、不称职四个等级体现。

场站管理人员应将场站运维人员绩效考评结果进行公示，并将相关意见反馈给被考评人，对成绩突出者做出肯定或表扬，针对存在问题与不足提出改进方法并帮助提升。其中，对于考核评价不称职的场站运维人员，应进行约谈。

4. 绩效考核结果应用

场站管理人员应将场站运维人员月度绩效考核成绩与当月绩效考核工资挂钩。年度绩效考核结果可作为场站人员岗位晋升、评先评优的依据。

工作要点

（1）场站管理人员在开展绩效考核时应坚持公平、公开、公正原则，不得将场站绩效考核实施细则和考核指标体系以外的因素纳入考核标准。

（2）场站管理人员应以管理提升为核心目标，搭建场站绩效考核实施细则和考核指标体系，并结合使用情况及时进行修订。

（3）场站管理人员应认真复核绩效考核评价结果，确保其准确性，避免产生计算错误的情况。

（4）当场站运维人员质疑绩效考核评价结果，产生纠纷时，场站管理人员应及时协调解决，做好解释沟通工作。

第四章

场站综合管理

第一节 党建管理

工作介绍

党建管理是通过开展党内组织生活，统一思想认识，增强基层党组织的凝聚力和战斗力，发挥党员先锋模范带头作用，调动全员工作积极性，将党员与群众紧密团结，实现党建工作与场站日常管理工作融合，保障场站安全生产稳定运行，场站管理人员应配合所属支部开展日常党建管理工作。

工作流程

场站党组织应根据公司党建工作任务清单做好相关部署，并落实各项工作任务。每月组织开展"三会一课"活动，将党建工作与生产经营活动深度融合。

⦿ **工作要点**

（1）党员场站管理人员要发挥先锋模范带头作用，带领场站运维人员以党建为引领，做好场站生产经营各项工作。

（2）杜绝出现重党建轻业务、重业务轻党建的现象。

（3）党员场站管理人员组织开展党务工作时，要充分发扬民主集中制度，杜绝"一言堂"。

（4）场站管理人员应廉洁自律，严格遵守干部廉洁条例，引领场站廉洁建设。

第二节　班组建设管理

工作介绍

　　班组建设是指以党建为引领通过安全精细化、提质增效、人才培养、创新创效、文化建设等方式，最大限度地调动班组成员生产的积极性、创造性，提高班组成员的生产工作技能与综合素质的过程。主要内容包括建立场站班组组织架构、制订班组建设计划、开展班组建设活动、评价班组建设工作。

工作流程

1. 建立场站班组组织架构

　　场站管理人员应组织建立场站班组组织架构。按照科学化、专业化和高效能的原则提出班组设置意见，根据人员技术技能、管理水平推荐班组长。班组可结合实际情况设立安全委员、学习委员、宣传委员、纪律委员等。

2. 制订班组建设计划

场站管理人员应督促场站班组长根据公司班组建设年度工作计划，制订场站运维班组的年度工作计划。

3. 开展班组建设活动

场站管理人员应指导班组开展日常工作，定期对班组建设情况进行辅导和监督检查，组织提炼班组建设中可复制可推广的亮点，查找并协调解决班组建设工作中存在的问题。

4. 评价班组建设工作

场站管理人员每年应组织班组开展自评价，并将自评结果上

报公司。

🎯 工作要点

（1）场站管理人员应为场站开展班组建设工作申请班组建设经费。

（2）场站管理人员应重视技能人才的培养，鼓励场站运维人员通过技术比武、知识竞赛不断提升技能水平。

（3）场站管理人员要将班组建设工作有机地融合到日常生产工作中，避免"运动化"，避免给场站运维人员增负。

（4）场站管理人员要把握场站内班组的文化氛围，发扬传承优良作风，避免走偏。

第三节 物资管理

工作介绍

物资管理是指场站为了满足生产经营需要，对各种生产资料的购销、储运、使用等方面，所进行的计划、组织和控制工作。主要内容包括物资采购计划、验收入库、物资保管、物资领用、废旧物资处置等。

工作流程

1. 物资采购计划

场站管理人员应根据场站往年物资采购、使用情况，结合当前场站库存和实际使用需求，组织编制物资采购计划，报公司审核。

2. 验收入库

场站管理人员要组织相关人员对到货物资进行验收。供、用、管三方验收无误后，方可接收入库，并经三方在验收单（材料移交单）上签字确认。

3. 物资保管

场站管理人员应按公司要求制定物资管理标识，建立相应的物资台账，确保区域清楚、定置定位，账、卡、物保持一致。

场站管理人员应安排专人每月定期开展物资盘点、保养等工作。

4. 物资领用

场站管理人员应监督场站运维人员及时办理物资领用手续，确保账物一致，避免先用后领。

5. 废旧物资处置

场站管理人员应严格按照公司废旧物资管理处置流程开展废旧物资处置，严禁私自处理。

🎯 工作要点

（1）场站管理人员应提前申报物资采购计划，尽量减少紧急物资采购。

（2）物资办理入库、验收和出库等工作时，应至少两人进行；杜绝有安全质量问题的物资流入场站，场站管理人员对物资情况应不定期组织抽查。

（3）场站管理人员要注意加强易燃、易爆物品及有毒有害物品的专项安全管理。

（4）生产物资、非生产物资、办公物资应分类存储，避免混放。

（5）场站需要紧急采购物资时，场站管理人员应按照公司要求及时发起紧急物资采购流程，采购后及时补办物资需用等手续。

第四节　后勤管理

工作介绍

后勤管理主要是为维持场站日常运转，为生产经营提供保障所开展的相关工作。主要内容包括食堂、宿舍、车辆、安保、保洁、绿化等方面的管理。

工作流程

1. 食堂管理

场站管理人员应对食材质量、食品卫生、食堂清洁进行监督，为场站人员提供干净卫生的用餐环境，以及营养健康食材餐品。

2. 宿舍管理

场站管理人员根据实际情况对住宿人员进行合理安排，定期组织人员开展宿舍检查工作，确保宿舍清洁卫生、舒适安全。严禁私拉乱接临时电源、随意挪动配备设施。

3. 车辆管理

场站管理人员应做好常驻车辆安全管理和使用调派工作。车辆调派应遵循先申请后安排、先紧急后一般的原则。场站管理人员应督促车辆管理责任人员，定期组织车辆检查保养和驾驶人员安全培训。

4. 安保管理

场站管理人员应按照当地政府、上级单位、公司要求配备安保人员及安保设施，并定期组织防恐防暴应急演练，提升场站安保综合水平。场站管理人员应积极与当地公安机关沟通交流，建立联防联动机制。

5. 保洁管理

场站管理人员应划分卫生责任区域，并督促相关责任人员做好卫生清洁工作。

6. 绿化管理

场站管理人员应倡导生态文明思想，提升场站人员绿化意识，按照绿化责任区域划分，安排并督促场站运维人员做好场站绿化工作。

🎯 工作要点

（1）场站管理人员可根据后勤工作实际工作强度安排专人开展具体工作。

（2）场站运维人员驾驶车辆应按照公司规定，完成相关驾驶手续审批，未经批准不得驾驶公司任何车辆。

（3）场站管理人员应对厨师、司机、安保、保洁等后勤人员定期组织安全培训和专项应急演练。

（4）场站管理人员应督促做好场站安保监控系统运维工作。

（5）场站管理人员应结合场站实际需求，申报场站绿化费用。

（6）场站管理人员应重点关注厨房操作间、餐饮用具、取暖用具、电热水器等大功率电器的使用安全。

第五节　迎检管理

工作介绍

迎检管理是指因生产经营业务的需要，配合政府、上级单位及外部机构的检查、交流和参观等活动。主要内容包括事前申请、制订方案、工作部署、工作汇报、安排参观、改进提升等内容。

工作流程

1. 事前申请

场站管理人员在收到迎检任务后，应提前向公司提出迎检接待申请，安排专人全程配合。

2. 制订方案

场站管理人员应根据来访人员的意图和要求，制订迎检接待方案。方案主要包括：来访人员的基本情况（来访人员的单位、姓名、年龄、职务、性别、民族、人数、来访目的、日程安排、防疫信息等内容），接待工作的组织分工，来访人员的住宿、车辆、饮食安排，交流会议安排等。

3. 工作部署

场站管理人员应按照方案组织成立站内迎检接待工作小组，向小组成员告知迎检接待流程和具体工作分配方案。

场站管理人员应与来访单位做好对接，明确双方联系人员及联系方式，提前告知来访单位与人员场站基本情况、来访当天场站天气预报、地理气候情况、乘车注意事项，并给出着装、防晒防冻、预防高原反应等建议。

4. 工作汇报

迎检接待时，如需进行汇报或召开座谈会，场站管理人员应提前准备汇报材料、参会人员名单、安排会议接待。

汇报材料主要包括公司基本情况、场站基本信息、来访人员主要想了解情况等。

5. 安排参观

场站管理人员应根据来访人数组织站内外参观，制订合理参观路线，提醒来访人员严格执行的场站安全管理措施。

场站管理人员应整体把控迎检接待进度，根据情况的变化，及时采取应变措施。

6. 改进提升

场站管理人员要认真总结经验，对迎检接待前准备工作不足之处、过程中出现的失误进行分析，找出原因，制订并落实相应的整改措施。

工作要点

（1）在迎检接待过程中应严格遵守中央八项规定，厉行勤俭节约，反对铺张浪费，弘扬艰苦奋斗、勤俭节约的优良作风。

（2）场站管理人员应注意对迎检接待实行接待费用总额和人

均费用双控管理，严格控制陪同人数。

（3）场站管理人员应注意迎检接待用餐，以家常菜为主并禁止饮酒。

（4）场站管理人员应根据场站的地理气候变化，提前准备好应急物资与应急预案，保障来访人员人身安全。例如高海拔场站可准备氧气罐、预防高原反应的药品等。